COLECCIÓN TIERRAVIVA

LOS DESIERTOS

Lucy Baker

Asesor: Roger Hammond

ediciones **sm** Joaquín Turina 39   28044 Madrid

FOTOGRAFÍAS: p. 4, Heather Angel/Biofotos (izquierda) y NHPA (derecha); p. 5, Biofotos/Brian Rogers; p. 7, Ardea/François Gohier; p. 8, Ardea/François Gohier (izquierda) y Bruce Coleman (derecha); p. 9, Ardea; p. 10, Zefa/Klaus Hachenberg (superior) y Bruce Coleman/Carol Hughes (inferior), p. 11, Ardea/K.W. Fink (superior) y Ardea/François Gohier (inferior); pp. 12-13, Ardea/Clem Haagner; p. 14, Planet Earth/Hans Christian Heap; p. 15, Science Photo Library/Keith Kent; p. 16, Ardea/Peter Steyn (superior) y The Hutchison Library (inferior); p. 17, Zefa/Bitsch; p. 18, B. & C. Alexander (superior) y Zefa/R. Steedman (inferior); p. 19, Impact Photos/ David Reed; pp. 20-21, Mark Edwards; p. 22, Oxfam/Jeremy Hartley; p. 23, Picturepoint (superior) e Impact (inferior); portada, NHPA/ Anthony Bannister; contraportada, Ardea/Clem Haagner. ILUSTRACIONES de Francis Mosley.

Colección dirigida por **Paz Barroso**

Primera edición: febrero 1991
Segunda edición: julio 1992
Tercera edición: febrero 1994
Cuarta edición: septiembre 1996

Traducción del inglés: *María Córdoba*

Título original: *DESERTS*
© Two-Can Publishing Ltd, 1990
© Ediciones SM, 1990
    Joaquín Turina, 39 - 28044 Madrid

Comercializa: CESMA, SA - Aguacate, 43 - 28044 Madrid

ISBN: 84-348-3266-6
Depósito legal: M-27476-1996
Fotocomposición: Grafilia, SL
Impreso en España/Printed in Spain
Melsa - Ctra. de Fuenlabrada a Pinto, km 21,8 - Pinto (Madrid)

ÍNDICE

CONTEMPLA LOS DESIERTOS

Existen lugares en el mundo donde casi nunca llueve y pocas plantas pueden sobrevivir, lugares donde el sol abrasa la tierra y fuertes ventiscas de arena y polvo azotan el terreno. Estos lugares son los **desiertos.** Pero no todos los desiertos son zonas de arenas e intenso calor. De hecho, rocas y grava se encuentran en la mayor parte de muchos desiertos. Algunos, como el de Gobi, en Asia, son fríos durante la mayor parte del año. Otros son extremadamente calientes durante el día, pero las temperaturas descienden drásticamente por las noches.

Una sorprendente variedad de plantas y animales lucha por sobrevivir en las durísimas condiciones del desierto, y mucha gente, incluso, lo considera «su hogar».

Las palabras que aparecen **en negrita** vienen explicadas en el vocabulario que hay al final del libro.

► Unas de las mayores dunas de arena del mundo encuentran en el desierto de Namib, en Suráfrica. dunas son enormes montañas de arena que se han formando con el viento.

▼ Una zona con peñas y rocas del desierto de Na presenta signos de vida después de un buen año de lluvias.

▼ El Valle de la Muerte, en California, es la zona más calurosa y estéril de Estados Unidos.

¿DÓNDE SE ENCUENTRAN?

Los desiertos cubren, aproximadamente, una quinta parte de las tierras del mundo. Hay desiertos en África, en Asia, en Australia y en América del Norte y del Sur.

La mayoría de los desiertos se extienden a lo largo de dos líneas imaginarias situadas al norte y al sur del ecuador, llamadas **trópico de Cáncer** y **trópico de Capricornio.** Aquí, y en otras regiones desérticas, soplan corrientes de

aire seco, que pueden ser cálidas o frías pero muy pocas veces llevan consigo nubes de lluvia. Como consecuencia, las tierras por donde pasan estas corrientes carecen de lluv y no están protegidas del sol.

Este mapa muestra las principales áreas desérticas del mundo. ¿Vives tú cerca de alguna de estas tierras desérticas?

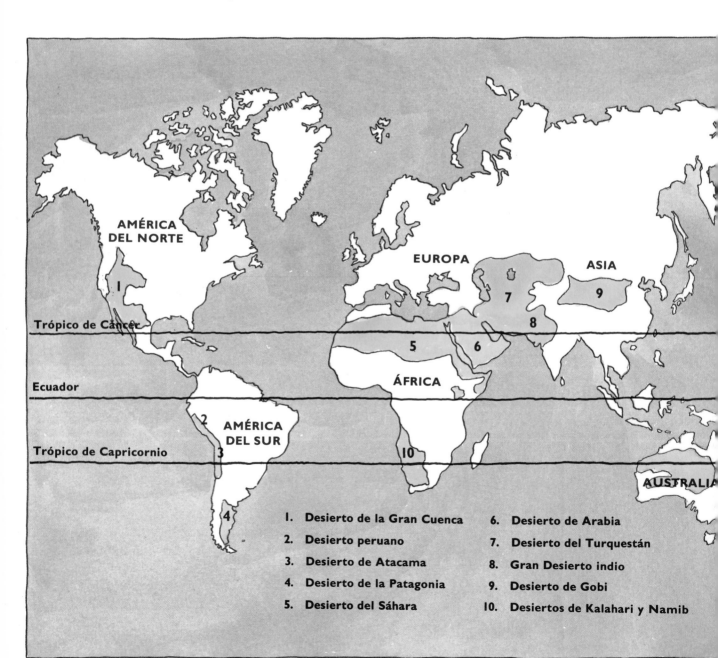

1. Desierto de la Gran Cuenca	6. Desierto de Arabia
2. Desierto peruano	7. Desierto del Turquestán
3. Desierto de Atacama	8. Gran Desierto indio
4. Desierto de la Patagonia	9. Desierto de Gobi
5. Desierto del Sáhara	10. Desiertos de Kalahari y Namib

DESIERTOS JUNTO A SELVAS

Junto a algunos mundos desérticos se forman exuberantes selvas. Esto ocurre cuando grandes montañas bloquean la trayectoria del viento que transporta las nubes de lluvia. Contra la alta montaña choca el viento, que, al elevarse, se va enfriando. Al bajar la temperatura, las nubes dejan caer el agua. El viento, finalmente, pasa al otro lado de la montaña, pero sin nubes de lluvia. Este proceso natural crea en el mundo algunos de los medios ambientes más lluviosos, como las selvas, junto a los mundos más estériles, como los desiertos.

El desierto del Sáhara, en el norte de África, el más extenso del mundo. Cubre un área tamaño de EE UU.

El desierto de Gobi, en el este de Asia, está ado en unas mesetas elevadas, expuestas al nto. Es el desierto más frío del mundo.

Cerca de la mitad de Australia está cubierta desiertos.

El desierto de Arabia es el más arenoso del ndo.

as regiones desérticas más pequeñas del ndo son los desiertos peruano y de Atacama, la costa oeste de Suramérica.

Muchos de los desiertos del mundo están eados por áreas de escasa vegetación. Estas ras casi estériles pueden convertirse en énticos desiertos si pierden sus árboles y tas naturales.

▲ Las pinturas rupestres que aparecen en algunas rocas antiguas de los desiertos de África y Asia representan jirafas, antílopes y otros animales que hoy no podrían sobrevivir en el desierto. Esto nos hace pensar que estas tierras fueron en otro tiempo más fértiles. También se han encontrado pruebas de la existencia de antiguos lagos y bosques en zonas actualmente desérticas.

PLANTAS DEL DESIERTO

Es realmente asombroso que ciertas plantas hayan aprendido a sobrevivir en las duras condiciones climáticas de los desiertos. La mayoría de las plantas necesitan lluvias regulares para vivir. Pero las plantas del desierto tienen que vivir sin que caiga agua, a veces, durante todo un año. Además, muchas plantas del desierto tienen que enfrentarse a temperaturas extremas durante días de calor sofocante y noches heladoras.

Algunas plantas del desierto permanecen escondidas en el suelo en forma de semillas hasta que cae la lluvia. Así esperan a que las condiciones sean buenas y no tienen que enfrentarse con la dura vida del desierto.

▼ La gigantesca planta welwitschia sólo se da en el desierto de Namib. Este desierto tiene una extraña fuente de agua: las nieblas que se desplazan a lo largo de la costa. La welwitschia vive absorbiendo pequeñas partículas de agua procedentes del aire nebuloso.

▲ Las cactáceas son las plantas más conocidas del desierto. Son nativas de los desiertos del norte y del sur de América, pero han sido introducidas en otras partes del mundo.
La chumbera fue cogida de Australia y plantada como seto alrededor de las casas. Esta planta crece tan rápidamente que enormes áreas fueron invadidas por las espinosas plantas en poco tiempo. Como consecuencia, tuvieron que ser introducidos en Australia pequeños animales que se alimentan del interior blando de la chumbera, para ayudar a recuperar la tierra perdida.

Los cactos son plantas que producen flores.
unos florecen todos los años, aunque otros lo
en en raras ocasiones. Los pájaros extraen de los
os el dulce néctar de sus flores, o buscan sus
os para alimentarse de los insectos que allí viven.
acto de esta ilustración es un saguaro gigante. Los
iaros son cactos que pueden llegar a medir hasta
n de altura y pueden almacenar y sostener varias
eladas de agua en sus enormes tallos. Como otros
os, el saguaro no tiene hojas. En cambio tiene
zantes espinas que crecen alrededor de su tallo.
s espinas crean una capa de aire alrededor de la
erficie de la planta que la protege de los vientos
os.

TRUCOS DE SUPERVIVENCIA

Las plantas del desierto han
desarrollado formas especiales
de supervivencia. Gracias a ello
pueden vivir sin necesidad de
que caiga agua regularmente.
Algunas absorben toda el agua
que pueden durante las pocas
veces que llueve y la almacenan
en sus tallos o en sus hojas. Aquí
tienes algunos de los trucos que
utilizan las plantas para recoger
y almacenar el agua.

Algunos árboles del desierto
tienen varias **raíces primarias**
que crecen profundamente,
buscando fuentes de agua bajo
tierra.

Muchas plantas, como la
creosota —una clase de
arbusto—, tienen una vasta red
de raíces poco profundas para
extraer cada gota de humedad
que encuentren bajo el suelo de
su zona desértica.

Algunas plantas del desierto
almacenan comida y agua bajo
tierra en gruesas raíces, bulbos
o **tubérculos.** Los tallos de
estas plantas están expuestos al
sol y al viento, y pueden parecer
muertos. Pero, en cuanto
empieza a llover, vuelven a la
vida y dan hojas, frutas y flores.

VIDA OCULTA

Es difícil creer que cientos de animales diferentes viven en los desiertos. La mayor parte del tiempo permanecen quietos, en los mismos lugares. En casi todos los desiertos, los animales se mueven sólo al amanecer o al anochecer. El resto del día excavan bajo la tierra o se ocultan entre las rocas o plantas para protegerse del calor o del frío.

Los animales que viven en los desiertos dependen de las plantas o de otros animales para sobrevivir. Raíces, tallos, hojas y semillas constituyen la dieta básica de muchos de los animales del desierto que, a su vez, son cazados por otros animales. Entre los cazadores más grandes del desierto están los gatos salvajes, los zorros y los lobos.

Algunos animales del desierto obtienen toda el agua que necesitan de la comida. Otros tienen que viajar largas distancias para beber en los pocos agujeros de agua que puedan encontrar.

▲ Los escorpiones cazan arañas, insectos y otros animales pequeños en el suelo del desierto. Una vez que capturan su presa, utilizan el aguijón venenoso que tienen en la punta de su cola para matarla. Cuando una persona recibe una picadura de escorpión, normalmente siente sólo un profundo dolor; pero la picadura de algunas especies muy venenosas puede causar la muerte.

▼ La mayoría de los reptiles están bien adaptados a la vida del desierto, especialmente las serpientes y los lagartos, por la manera de moverse. Las serpientes se mueven serpenteando en la arena suelta. Tuercen la cabeza hacia un lado y el cuerpo hacia el otro, en forma de S, realizando un movimiento ondulante para desplazarse. Las serpientes también pueden esconderse bajo la arena para enfriarse o para escapar de los depredadores.

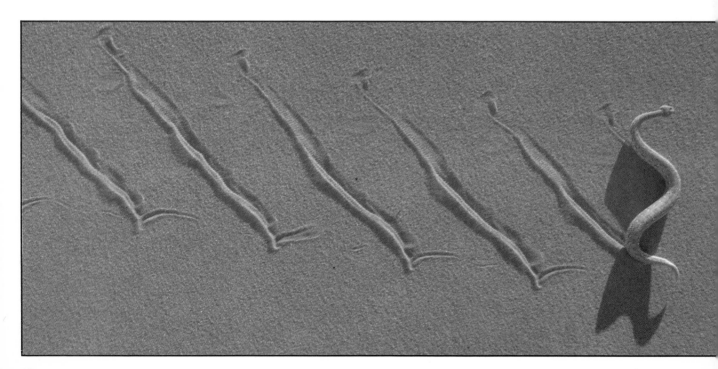

Conejos, jerbos y muchos
[o]s mamíferos pequeños viven
[en l]as tierras del desierto. El
[con]ejo de rabo blanco, a la
[der]echa, se puede encontrar en
[algu]nos desiertos de América.
[Tien]e unas largas orejas que lo
[pro]tegen del calor, irradiándolo,
[y lo] ayudan a enfriarse.

Muchos lagartos viven en los
[des]iertos. Como otros reptiles,
[tien]en una piel con escamas que
[les i]mpide deshidratarse bajo el
[sol] abrasador. La mayoría de los
[laga]rtos son insectívoros. Cazan al
[vue]lo sus presas o se sientan a
[esp]erar pacientemente a que un
[esc]arabajo o una fila de hormigas
[pas]e junto a ellos. Los lagartos
[tien]en muchos enemigos, por lo
[que] deben protegerse bien. El
[laga]rto cornudo, abajo, tiene un
[cam]uflaje excelente, por lo que es
[difí]cil de divisar en el suelo del
[des]ierto.

CRUZANDO EL DESIERTO

Los animales más grandes del desierto no permanecen mucho tiempo en una determinada área. Viajan largas distancias en busca de agua y comida. En la mayoría de los desiertos del mundo se encuentran antílopes, cabras y ovejas. Una clase extraña de caballo, el przewalski, recorría en un tiempo el desierto de Gobi, pero ahora está **extinguido.**

El animal más conocido de los que cruzan el desierto es el camello, también llamado «viajero del desierto» porque puede recorrer vastos e inhóspitos mares de rocas y arenas mejor que cualquier otro animal.

Existen dos especies de camellos. El dromedario tiene una sola joroba y una cola delgada. Procede de los calurosos desiertos de Arabia y del norte de África, pero fue introducido también en algunas partes de América y de Australia. El camello bactriano tiene dos jorobas y una cola más gruesa y oscura que la de su primo, el dromedario. Procede de los desiertos más fríos de Asia central.

Los camellos están bien preparados para la vida en el desierto. Los ojos están bien protegidos por pestañas largas y espesas, y lo orificios nasales son musculados para que puedan cerrarlos y no entren el polvo y la arena. Sus patas, terminadas en dos dedos, constituyen una planta ancha muy adaptable para caminar por la arena del desierto sin hundirse en ella.

La joroba del camello no contiene agua, como antes se pensaba, sino que está formada casi totalmente por grasa, lo que representa un buen almacén de comida para el animal mientras cruza el desierto. Si un camello pasa hambre, su joroba adelgaza.

¿SABÍAS QUE...?

• Hace menos de 100 años era imposible atravesar el vasto desierto de Arabia sin la ayuda de un camello. Hoy se utilizan coches y camiones para muchos viajes y los camellos tienen cada vez menos importancia en la vida de las gentes del desierto.

• Un camello sediento puede beber 140 litros de agua de una sola vez y luego resistir una semana sin beber agua.

• Los camellos son los animales domésticos del desierto. Son utilizados como medio de transporte, proporcionan comida y leche para la alimentación, su pelo es aprovechado para tejer paño, e incluso sus excrementos se usan como combustible en los fuegos para cocinar.

CUANDO CAE AGUA

Algunos desiertos tienen estaciones lluviosas regulares, pero en otros puede no llover durante años. En el desierto, ocasionalmente, se producen violentos e intempestivos chaparrones torrenciales. La lluvia es casi un accidente y sólo se dan violentas tormentas de lluvia de vez en cuando que causan riadas y destrucción. Las plantas son arrastradas y algunos animales se ahogan.

Las lluvias suponen a la vez vida y muerte para las tierras desérticas. Días después de una fuerte tormenta, billones de pequeñas semillas renacen en el suelo del desierto. Estas pequeñas plantas florecientes, llamadas **efímeras,** han permanecido escondidas en la arena desde la última caída de lluvia. Millones de huevos de insectos se abren y aparecen moscas, hormigas y avispas. Estos insectos se alimentan de las plantas efímeras y las ayudan reproducirse dispersando el polen de flor en flor.

Ocho semanas después de las lluvias, el desierto queda de nuevo vacío. Las coloridas flores y los zumbidos de los insectos desaparecen. Pero billones y billones de nuev semillas y de huevos quedan escondidos en la arenas del desierto. Muchos de ellos servirán de alimento permanentemente a los moradore: pero algunos lograrán sobrevivir hasta las próximas lluvias y el ciclo vital se repetirá.

► Brillantes relámpagos caen cuando una tormenta pasa sobre el desierto de Sonora, en América del Norte. Todo un año de lluvia puede venir en forma de un único chaparrón.

▲ Plantas con coloridas flores vuelven a la vida en el arenoso desierto de Arabia después de una lluvia reciente.

¿LO SABÍAS?

● A veces las tormentas de lluvia no llegan a mojar el suelo del desierto. Si hace mucho calor cuando ocurre la tormenta, la lluvia puede convertirse en vapor de agua antes de llegar al suelo. Por el contrario, unos 300 cm de lluvia pueden caer durante una fuerte tormenta en el desierto.

● El desierto de Atacama es el más estéril del mundo. Algunas partes de él han experimentado una **sequía** de 400 años hasta 1971.

GENTES DEL DESIERTO

El desierto es un lugar peligroso para vivir por sus hostiles condiciones. A pesar de ello, hay gente que lo considera «su hogar».

Los **bosquimanes** del desierto de Kalahari, en el sur de África, son **nómadas,** es decir, viajan continuamente de un lugar a otro. Los bosquimanes sobreviven cazando animales y recogiendo plantas comestibles e insectos. Algunos aborígenes vivían de esta manera en el pasado, en el calor de las tierras desérticas de Australia. Pero la mayoría de ellos son ahora sedentarios, están establecidos en campamentos subvencionados por el Gobierno.

Los mundos desérticos más **áridos,** como el desierto del Sáhara, el de Arabia y el de Gobi, no ofrecen suficientes recursos de animales y plantas nativos a los **cazadores-recolectores.** Por ello, los nómadas toman del desierto lo que pueden, pero también matan o comercian con animales como cabras, ovejas y camellos para alimentarse.

COSTUMBRES

Los bosquimanes raramente beben. Obtienen la mayor parte del agua que necesitan de raíces de plantas y de melones *tsama* que encuentran sobre o bajo el suelo del desierto.

El turbante utilizado por muchas gentes del desierto no es un sombrero. Es una larga pieza de tela que se ponen sobre la cabeza y luego enrollan alrededor del cuello. Esto las ayuda a evitar que la arena del desierto les entre en los ojos, la nariz y la boca.

La gente del frío desierto de Go vive en chozas redondas llamada yurtas. Estas casas tan sencillas pueden resistir vientos de más d 145 km por hora.

stos hombres pertenecen a la
de los tuaregs. Los tuaregs
n conocidos durante mucho
po como los piratas del
rto. Durante años
rolaron las rutas que
esaban el Sáhara, donde
n acechar y saquear caravanas
sus rápidos camellos.

Un bosquimán del Kalahari
fuego frotando dos palos.
bosquimanes tienen su propio
uaje, que incluye extraños
dos guturales. Viven en
as construidas con pobres
eriales locales: ramas para las
des y pajas para el techo.

Muchos nómadas del desierto
n en tiendas como la que
ece aquí abajo. Cuando llega
omento de desplazarse, las
gen y las cargan en los
ellos o en los asnos.

LOS OASIS

En algunas partes del desierto, las plantas crecen en abundancia y hay agua durante todo el año. Estos lugares son los oasis.

La mayoría de los oasis están alimentados por fuentes de aguas subterráneas que se formaron hace miles de años. El agua quedó atrapada entre las capas de roca que hay bajo el suelo del desierto. Los ríos también crean oasis. Los oasis más grandes del mundo crecen a orillas de grandes ríos, como el Nilo, que fluye a través del Sáhara.

Los oasis son las áreas más densamente pobladas del desierto. El agua regular hace posible que la gente se asiente permanentemente allí y construya aldeas, pueblos y ciudades. La tierra es **irrigada** y da palmeras, olivos, trigo, mijo y otras cosechas.

▲ Si no llueve regularmente, el agua tiene que ser llevada a los campos para que no se sequen las cosechas en el desierto.

Muchas ciudades del desierto
n construidas con materiales
 proceden del mismo suelo.
izan el adobe, que son
illos de barro y paja
clados, y luego secados al sol.
 es un pueblo de los dogon.
 dogon obtienen el agua que
sitan de fuentes de las
cas que hay en las montañas
anas. Viven en Mali, al norte
Africa.

os oasis son como grandes
 verdes rodeadas por un mar
rena y roca. Animales y
onas dependen de los oasis
 obtener el agua.
 oasis no duran toda la vida.
 mundos desérticos están
os de pueblos fantasma, donde
 agotado el agua o donde el
 ha quedado anegado por
as de arena movediza, y la
e se ha visto obligada a
donarlos.

LA DESERTIZACIÓN

Los mundos desérticos están creciendo. A través de un proceso llamado **desertización**, el monte bajo y los pastos que rodean los desiertos se están quedando tan estériles y secos como los mismos desiertos. Cada año, el desierto se gana actualmente unos 200.000 km².

Naturalmente, los desiertos ganan o pierden terreno dependiendo de la cantidad de lluvia que reciben. En los últimos años, la sequía general ha hecho que los desiertos crezcan en una proporción alarmante.

Los científicos creen que las sequías forman parte de un proceso mundial de cambio climático, causado por la polución en la atmósfera.

Los nómadas del desierto contribuyen tambié a este proceso de desertización por la tala continua de árboles y el pastoreo de su gana en los amenazados pastizales. Esto hace que l tierras queden expuestas al sol constante, al viento y a ocasionales lluvias violentas. Así, la **capa superficial del suelo** se va secando, es arrastrada y estas tierras quedan completamente estériles.

Los cultivos intensivos pueden causar tambié la desertización. La presión ejercida sobre lo agricultores para que cultiven cada vez más alimentos en la misma extensión de tierra llev a los agricultores a explotar excesivamente e suelo, lo cual puede tener desastrosas

secuencias. En la década de 1930, la
...lotación intensiva y el pastoreo en los
...dos del sur de EEUU crearon una enorme
... de tierras áridas, como un desierto,
...ada el Dust Bowl (tierra pelada por la
...sión). Las sequías secaron completamente el
...o y los vientos lo levantaron. Cientos de
...ades que se hallaban a kilómetros de allí
...daron sumidas en la oscuridad cuando las
...mes nubes de polvo pasaron sobre ellas.

...i desaparece la maleza de las tierras secas, el
... del sol abrasa la tierra. Las lluvias no llegan a
...trar en el duro terreno y los árboles se secan y
...ren.

¿LO SABÍAS?

● *Unos 400 millones de toneladas del suelo de África son arrastradas hacia el oeste, sobre el océano Atlántico, todos los años. En 1988, cientos de pequeñas ranas rosas llovieron sobre un pueblo de Inglaterra durante una fuerte tormenta.*

LOS DESIERTOS, HOY

Durante siglos, los desiertos del mundo han sido considerados como terroríficos yermos, propiedad exclusiva de pequeñas tribus que luchaban por sobrevivir en estas hostiles condiciones. Sólo recientemente han llegado coches, camiones y aviones que han abierto las puertas a la exploración del desierto.

Hoy, el hombre desarrolla una gran actividad en el desierto. Las compañías mineras utilizan diversas maquinarias para extraer minerales, como el cobre, el hierro, la sal y el uranio. También se encuentra petróleo en algunos desiertos, lo que ha proporcionado grandes riquezas a algunos Estados. Arabia Saudí posee algunos de los campos petrolíferos más grandes del mundo.

También la moderna tecnología ha sido utilizada para convertir el desierto en tierra fértil. Encontrando nuevas fuentes de aguas subterráneas o haciendo afluir allí el agua de ríos cercanos, las cosechas pueden crecer en las tierras desérticas.

La desertización es un problema en muchas áreas del mundo, pero África es la mayor víctima. En algunos países de este continente se han perdido durante varios años las cosechas, causando una tremenda hambruna. Muchos nómadas han tenido que abandonar sus antiguos modos de vida cuando las sequías han dejado estériles los desiertos.

◄ Mientras que los países ricos transforman sus desiertos en tierras de cultivo, los países africanos más pobres intentan contener el crecimiento continuo del desierto del Sáhara. Este hombre está construyendo un sencillo muro de contención para evitar que las lluvias estacionales se deslicen y penetren en la dura tierra.

¿SABÍAS QUE...?

• La Armada francesa utilizó el Sáhara como zona de pruebas de armas nucleares en la década de los sesenta. Después de la protesta mundial que esto originó, estas pruebas fueron prohibidas.

• Hoy, las tierras áridas producen una quinta parte de las reservas alimenticias. Hacia el año 2000, una tercera parte de todas las tierras de cultivo podrán convertirse en desiertos si el suelo es excesivamente explotado.

• Mediante fotografías tomadas desde el espacio se pueden localizar fuentes de aguas subterráneas. Equipos modernos de perforación pueden entonces aprovecharlas para crear nuevos oasis.

lamaradas de petróleo envían
chos de humo al aire del
erto.

Cubiertas de plástico cubren
alubres cosechas del desierto.
cubiertas impiden que el
se evapore en el seco aire
rtico. La evaporación
inua fomentaría la ascensión
ales a la superficie del suelo
esierto. Estas sales matarían
lantas y envenenarían el
.

LOS CELOS DE 'GLU GLU'

Durante miles de años las personas han contado historias acerca del mundo que las rodea. A menudo, esas historias pretendían explicar algo que la gente no comprendía; por ejemplo, cómo comenzó el mundo o de dónde viene la luz. La historia que aquí se narra la cuentan los aborígenes de Australia.

Hace ya tiempo, en Australia, en la Edad de los Sueños, se crearon todas las cosas: la tierra, con montañas, llanuras y valles, llena de toda clase de animales, aves y plantas; y el mar, en el que habitaban ballenas, delfines y plantas, pero no había ni un solo pez.

Todas las aves fueron dotadas de maravillosas y extraordinarias voces: Cuervo graznaba con su canto chirriante, Kookaburra reía con una risa hilarante y las otras aves cantaban todas con diferentes voces. Se pasaban el día en los árboles y arbustos, cantando continuamente porque se sentían muy felices.

Cuando dije que tenían una maravillosa y extraordinaria voz me olvidé de Glu Glu, el pavo. A Glu Glu sólo le salía de la garganta un ruido glugluteante que hacía con la nariz, y sonaba algo así como: «glu-glu, glu-glu».

Todas las aves se reían de la voz de Glu Glu y cantaban todavía mejor cuando él estaba cerca para burlarse de él.

Naturalmente, no lo hacían con crueldad. Todas eran tan felices que no se daban cuenta de lo que sufría el pobre Glu Glu. De hecho, ellas le tenían cariño, a pesar de su mal carácter.

Glu Glu no encontraba divertida su voz. Pensaba que era horrible y tenía muchos celos de las voces de los otros pájaros. Hacía todo lo posible para mejorar su voz, pero era inútil. Pensaba que si las voces de los demás pájaros no fueran tan maravillosas y extraordinarias, la suya no parecería tan horrible.

Un día, Glu Glu estaba más enfadado que nunca. Los otros pájaros se habían estado riendo de él toda la mañana y ya estaba cansado de ello. Por eso se fue a visitar a su amigo Lagarto.

Lagarto era el único que no se reía nunca de su voz. Los dos se sentaron a hablar y a contar historias, hasta que el Sol se empezó a poner. En ese momento, Kookaburra voló hasta las ramas de un árbol cercano y se empezó a reír.

Kookaburra no podía parar de reír. Se reía de todo, incluso de cosas que en realidad no tenían gracia. Y Glu Glu, que ya la conocía, lo sabía. Pero aquel día él estaba muy ofendido por el comportamiento de las otras aves y pensó que Kookaburra había volado hasta allí y se había posado en aquella rama sólo para reírse de él.

—¿Se puede saber de quién te ríes? —le preguntó enfadado.

Kookaburra miró muy sorprendida y se alejó volando a contar a los otros pájaros el extraño comportamiento de Glu Glu.

Mientras tanto, Glu Glu maquinaba una estratagema para poner fin de una vez por todas a las burlas de los otros

pájaros. Esperó a que se hiciera de noche y todas las aves se fueran a dormir a sus árboles. Entonces, con mucho cuidado, se acercó al árbol mágico del fuego. Era un árbol del que los hombres cogían antorchas para preparar el fuego de la comida y para obtener calor y luz en sus campamentos. Glu Glu cogió un palo del suelo y lo encendió con el fuego del árbol. Luego se fue acercando a los árboles y matorrales donde estaban los pájaros durmiendo e incendió las ramas bajas.

«Esto acabará con las risas de todas las aves» se dijo a sí mismo regocijándose. «Ahora yo tendré la voz más bonita de todas».

Pero Kookaburra no estaba dormida. Oyó cómo Glu Glu se acercaba a los árboles y corrió a avisar a las otras aves.

Enseguida se formó un gran revoloteo de pájaros que salían de sus árboles gritando asustados.

Los pájaros que podían volar rápido huyeron y se pusieron a salvo en lugares donde no había alcanzado el fuego. Pero los que no podían volar tan rápido y salvarse de las llamas volaron hasta el mar buscando un sitio donde enfriar sus plumas. Cuando se adentraron en el mar, sus alas se convirtieron en aletas, y sus plumas, en escamas.

¡Quedaron convertidos en peces en el mar!

Glu Glu estaba furioso porque su plan no había resultado. Agitó violentament su antorcha, pero sólo consiguió quemarse la punta de sus plumas, que adquirieron un feo color chamuscado, y la cabeza, que se volvió de un rojo brillante. Enfadado, lanzó el palo lejos de él, y cayó entre los arbustos.

El fuego continuó extendiéndose y quemando los árboles, hasta que las tierras del centro de Australia quedaron desérticas. Y éste es el origen del desierto del centro de Australia. Todo por los celos de Glu Glu.

¿VERDADERO O FALSO?

**¿Cuáles de estas preguntas son verdaderas
y cuáles son falsas?
Si has leído este libro con atención, sabrás
las respuestas.**

Todos los desiertos son muy calurosos.

Los desiertos no reciben nada de lluvia
ante todo el año.

El desierto de Gobi es el más grande del
ndo.

Las noches en el desierto son
remadamente frías.

Exuberantes selvas tropicales pueden
ginarse junto a algunos desiertos.

El saguaro es un cacto que puede llegar a
dir hasta 15 metros de alto.

Las orejas de los conejos de rabo blanco
ericanos los ayuda a irradiar calor y a
riarse.

8. La joroba de un camello es un almacén de
agua.

9. El dromedario tiene dos jorobas y una cola
gruesa.

10. Los tuaregs fueron conocidos como los
piratas del desierto.

11. Muchas ciudades del desierto están
construidas con adobe.

12. En 1988, miles de grandes peces azules
llovieron sobre un pueblo británico durante
una fuerte tormenta.

Respuestas: 1 Falso; 2 Falso; 3 Falso; 4 Verdadero;
5 Verdadero; 6 Verdadero; 7 Verdadero; 8 Falso; 9 Falso;
10 Verdadero; 11 Verdadero; 12 Falso.

VOCABULARIO

Árido: Seco, estéril. Las tierras de escasa vegetación, que reciben muy poca lluvia, son áridas y propensas a la desertización.

Bosquimanes: Tribu que vive en tierras desérticas, como el sur de África y Australia. Puesto que no disponen casi de agua, se alimentan de raíces subterráneas y de melones *tsama* que crece espontáneamente en el suelo del desierto.

Capa superficial del suelo: Fina capa de tierra fértil en la que crece la mayor parte de las plantas.

Cazadores-recolectores: Personas que viven de la tierra, recogiendo plantas y animales para alimentarse. Están acostumbrados a obtener sólo lo que la tierra les puede proporcionar.

Desierto: Lugar de muy poca vegetación, que recibe menos de 25 cm cúbicos de lluvia al año.

Desertización: Proceso por el cual las áreas secas que rodean a los desiertos sufren continuas sequías y terminan convirtiéndose en desiertos. Si volvieran a recibir cantidades regulares de lluvia, estas tierras podrían recuperarse.

Efímeras: Pequeñas plantas que sobreviven en forma de semillas en condiciones tan secas como las arenas del desierto. Esperan hasta que llegue un período de lluvia y entonces florecen.

Extinguido: Desaparecido. Los animales o plantas que son los últimos de su especie corren peligro de extinción, bien al ser sacados de su hábitat natural, bien al ser eliminados por nuevos habitantes con los que tengan que competir para sobrevivir.

Irrigación: Método por el cual se crean campos de agricultura artificiales en tierras que tienden a ser desérticas. El agua suele ser canalizada a través de diques o retenida en la tierra con bajos muros de contención.

madas: Gentes que viajan ntinuamente de un lugar a otro.

ces primarias: Largas y delgadas ces que se abren paso a través de las as del suelo y ayudan a algunos oles del desierto a alimentarse ante los largos períodos de sequía.

quía: Período en el que no llueve, o eve muy poco. Las cosechas no eden crecer, el agua escasea y a los males y a los hombres les resulta cil sobrevivir.

Trópico de Cáncer, trópico de Capricornio: Líneas imaginarias que se encuentran aproximadamente a 23 grados y 28 minutos al norte y al sur del ecuador. Muchos de los desiertos se encuentran a lo largo de estas dos líneas.

Tubérculo: Parte de un tallo subterráneo o de una raíz que engruesa considerablemente. En sus células se acumula una gran cantidad de reserva, como en la patata y el boniato.

ÍNDICE ALFABÉTICO

SEP 16 1997